中国研究机构创新能力监测报告

2019

中华人民共和国科学技术部 编

科学技术文献出版社
SCIENTIFIC AND TECHNICAL DOCUMENTATION PRESS
·北京·

图书在版编目（CIP）数据

中国研究机构创新能力监测报告. 2019 / 中华人民共和国科学技术部编. —北京：科学技术文献出版社，2019.11

ISBN 978-7-5189-6206-8

Ⅰ.①中… Ⅱ.①中… Ⅲ.①科学研究组织机构—创造能力—研究报告—中国—2019
Ⅳ.① G322.2

中国版本图书馆 CIP 数据核字（2019）第 257723 号

中国研究机构创新能力监测报告2019

策划编辑：李 蕊　　责任编辑：刘 亭　　责任校对：文 浩　　责任出版：张志平

出 版 者	科学技术文献出版社
地　　址	北京市复兴路15号　邮编 100038
编 务 部	(010) 58882938，58882087（传真）
发 行 部	(010) 58882868，58882870（传真）
邮 购 部	(010) 58882873
官 方 网 址	www.stdp.com.cn
发 行 者	科学技术文献出版社发行　全国各地新华书店经销
印 刷 者	北京时尚印佳彩色印刷有限公司
版　　次	2019 年 11 月第 1 版　2019 年 11 月第 1 次印刷
开　　本	889×1194　1/16
字　　数	77千
印　　张	5.25
书　　号	ISBN 978-7-5189-6206-8
定　　价	68.00元

《中国研究机构创新能力监测报告2019》

编辑委员会及编辑人员

主　任：李　萌

副主任：许　倞　卞志刚

委　员：吴　向　张宝红　徐　超

编辑成员（按姓氏笔画排序）：

王　岳　石林芬　玄兆辉　朱迎春

刘晓萌　吴　达　邱维臣　张　洁

张慧南　陈　钰　陈志军　罗彦平

秦浩源　高　文　韩佳伟　翟　虹

撰稿人员：高　文　张慧南　吴　达

前言

进入21世纪以来，全球科技创新进入空前密集活跃的时期，新一轮科技革命和产业革命正在重构全球创新版图、重塑全球经济结构。党中央、国务院确立了我国建设世界科技强国的奋斗目标，提出要坚持走中国特色自主创新道路，坚持创新是第一动力，加快实施创新驱动发展战略，加强国家创新体系建设，推动以科技创新为核心的全面创新，努力打造世界主要科学中心和创新高地。

研究机构①作为国家创新体系的重要组成部分，是践行创新发展新理念、实现"建设创新型国家"战略目标、落实国家重大科技创新部署的重要力量。近年来，我国研究机构按照党中央、国务院科技创新重大决策部署要求，充分发挥其在科技创新战略中的骨干和引领作用，资源配置得到进一步优化，研发能力不断提升，为经济建设和社会发展服务的意识日益增强，正在国家基础性、战略性、公益性研究等方面发挥越来越重要的作用。

本报告是国家创新调查制度系列报告之一，以2017年科技部全国科学研究和技术服务业非企业单位科技活动统计调查数据为基础，结合《中国科技统计年鉴》等相关资料，围绕科技创新资源、知识创造与技术研发、创新合作与交流及创新服务与人才培养4个方面，综合监测我国研究机构创新能力总体状况，分类监测基础前沿研究类机构、公益性研究类机构和应用技术研发类机构的创新状况，力图为公众提供一个全

---

① 本报告的研究机构指政府部门属研究与开发机构。

面了解我国研究机构创新发展状况的窗口和平台，同时，为社会各界针对研究机构开展深入分析与研究提供科学化、系统化和规范化的数据支撑。

研究机构创新能力监测是《国家创新调查制度实施办法》的一项重要内容，需要长期、系统性和规范化的跟踪实施。随着全国科技统计和创新调查工作的持续开展，我国研究机构的创新能力监测工作也将不断丰富、完善与深入。

本报告内各表中的"空格"表示该项统计指标数据不足本表最小单位数、不详或无该项数据。同时，为保持数据原始特征，因小数取舍而产生的误差均未做配平处理，特此说明。

《中国研究机构创新能力监测报告2019》

编辑委员会

二〇一九年九月

C目录
ontents

一、研究机构创新能力监测框架

政府部门属研究机构（以下统称"研究机构"）是我国国家创新体系的重要组成部分，承担着服务国家目标、保障公共利益和国家安全的重要使命。科技部、财政部和人力资源社会保障部《关于印发〈中央级科研事业单位绩效评价暂行办法〉的通知》（国科发创〔2017〕330号）要求，结合科研事业单位职责定位，将中央级科研事业单位分为基础前沿研究、公益性研究、应用技术研发3类进行绩效评价。为了更加科学、准确、合理地反映我国研究机构创新能力，有必要在整体监测的基础上，开展分类监测。

为此，本报告尝试根据服务的国民经济行业，将研究机构分为基础前沿研究、公益性研究、应用技术研发3类开展监测。其中，基础前沿研究类为服务于研究和试验发展的研究机构；公益性研究类由服务于农、林、牧、渔业，专业技术服务业，科技推广和应用服务业，水利、环境和公共设施管理业，居民服务、修理和其他服务业，教育、卫生和社会工作、文化、体育和娱乐业，公共管理、社会保障和社会组织、国际组织等行业的研究机构组成；应用技术研发类由服务于采矿业，制造业，电力、热力、燃气及水生产和供应业，建筑业，批发和零售业，交通运输、仓储和邮政业，住宿和餐饮业，信息传输、软件和信息技术服务业，金融业，房地产业、租赁和商务服务业等行业的研究机构组成。

本报告以2017年科技部全国科学研究和技术服务业非企业单位科技活动统计调查数据为基础，根据研究机构创新绩效评价原则，结合不同类型研究机构的职责定位和科技创新活动特征，构建能够反映不同类型研究机构创新能力的监测框架。

监测框架分为4类：一是研究机构总体创新能力监测框架；二是基础前沿研究类机构创新能力监测框架；三是公益性研究类机构创新能力监测框架；四是应用技术研发类机构创新能力监测框架。

（一）研究机构总体创新能力监测框架

依据研究机构的科技创新活动特点，从4个方面构建我国研究机构总体创新能力监测框架。

一是科技创新资源。主要监测研究机构开展科技活动的人、财、物等资源聚集情况，包括人员、经费、仪器设备等20个二级指标。

二是知识创造与技术研发。主要监测研究机构在基础研究、应用研究和试验发展活动中的人力投入、资金投入及科技创新产出等方面的基本情况，包括24个二级指标。

三是创新合作与交流。主要监测研究机构与企业、高校、境内其他研究机构和境外机构的创新合作及人员流动等情况，包括14个二级指标。

四是创新服务与人才培养。主要监测研究机构开展创新活动所产生的效果，如科技成果转化、对外科技服务、人才培养，以及为推动环境改善、资源利用、经济增长和社会发展所做的贡献等情况，包括21个二级指标。

综上所述，研究机构总体创新能力监测框架共包括4个一级指标和79个二级指标。具体指标如表1-1-1所示。

表1-1-1 研究机构总体创新能力监测指标体系

一级指标	二级指标
1.科技创新资源	机构数/个
	从业人员/人
	科技活动人员/人
	科技活动人员中硕博士毕业人员所占比重/%
	科技活动人员中高中级职称人员所占比重/%
	R&D人员/万人
	R&D人员占全社会R&D人员比重/%
	R&D人员中具有博士学位人员所占比重/%
	R&D人员折合全时工作量/万人年
	科技经费筹集额/亿元
	科技经费筹集额中来源于政府的资金所占比重/%
	科技经费筹集额中来源于企业的资金所占比重/%
	科技经费内部支出/亿元
	R&D经费内部支出/亿元
	R&D日常性支出/亿元
	R&D资产性支出/亿元
	R&D经费内部支出占全社会R&D经费内部支出比重/%
	R&D经费内部支出与GDP的比值/%
	R&D人员经费投入强度/（万元/人年）
	R&D人员人均仪器设备支出/（万元/人年）
2.知识创造与技术研发	研究人员/万人年
	研究人员占R&D人员比重/%
	基础研究人员/万人年
	基础研究人员占R&D人员比重/%
	应用研究人员/万人年
	应用研究人员占R&D人员比重/%

续表

一级指标	二级指标
2.知识创造与技术研发	试验发展人员/万人年
	试验发展人员占R&D人员比重/%
	基础研究经费/亿元
	基础研究经费占R&D经费内部支出比重/%
	应用研究经费/亿元
	应用研究经费占R&D经费内部支出比重/%
	试验发展经费/亿元
	试验发展经费占R&D经费内部支出比重/%
	发表科技论文数/篇
	在国外发表科技论文数/篇
	出版科技著作/种
	专利申请量/件
	发明专利申请量/件
	专利授权量/件
	发明专利授权量/件
	有效发明专利/件
	形成国家或行业标准数/项
	软件著作权、植物新品种权、集成电路布图设计登记和新药证书数/件
3.创新合作与交流	R&D经费内部支出中来自企业的资金/亿元
	R&D经费内部支出中企业资金所占比重/%
	R&D经费内部支出中来自国外的资金/亿元
	R&D经费内部支出中国外资金所占比重/%
	R&D经费外部支出/亿元
	R&D经费外部支出占R&D经费支出总额的比重/%
	对境内企业的R&D经费外部支出/亿元
	对境内高等院校的R&D经费外部支出/亿元

续表

一级指标	二级指标
3.创新合作与交流	对境内其他研究机构的R&D经费外部支出/亿元
	对境外机构的R&D经费外部支出/万元
	企业R&D经费外部支出中委托境内研究机构所占比重/%
	流向企业人员数/人
	流向高等院校人员数/人
	流向其他研究机构人员数/人
4.创新服务与人才培养	研究机构作为卖方的技术合同成交数/项
	研究机构作为卖方的技术合同成交金额/亿元
	专利所有权转让与许可数/件
	专利所有权转让与许可收入/亿元
	设置专门负责科技成果转化部门的机构数/个
	设置专门负责科技成果转化部门的机构数占研究机构总数的比重/%
	负责成果转化与扩散的专职工作人员数/万人
	负责成果转化与扩散的专职工作人员数占科技活动人员的比重/%
	对外科技服务人员/万人年
	负责科技成果示范性推广工作的人员占对外科技服务人员的比重/%
	对外提供技术咨询工作的人员占对外科技服务人员的比重/%
	开展地质、气象和地震等日常观察的人员占对外科技服务人员的比重/%
	提供检验、测试、计量和专利服务等人员占对外科技服务人员的比重/%
	开展科技培训工作人员占对外科技服务人员的比重/%
	用于环保、生态建设和能源合理利用的课题经费内部支出/亿元
	用于促进卫生和教育事业发展的课题经费内部支出/亿元
	用于促进基础设施及城市和农村规划的课题经费内部支出/亿元
	用于促进社会发展和社会服务的课题经费内部支出/亿元
	用于促进农林牧渔业发展的课题经费内部支出/亿元
	用于促进工商业发展的课题经费内部支出/亿元
	培养硕博士毕业生人数/人

（二）基础前沿研究类机构创新能力监测框架

针对基础前沿研究类机构主要从事基础性、原创性和探索性研究的特点，从3个方面构建反映其创新能力的监测框架。

一是人才集聚。主要监测该类研究机构在基础性、前沿性和原创性研究方面的R&D人员投入情况，特别是基础研究人员、应用研究人员和高学历学位研发人员情况，包括7个二级指标。

二是资金配置。主要监测该类研究机构在基础研究经费、应用研究经费、科研仪器设备支出和政府资金支持等方面的情况，包括11个二级指标。

三是科研产出。主要监测该类研究机构开展创新活动所产生的论文、著作和人才培养等成果和成效情况，包括6个二级指标。

综上所述，基础前沿研究类机构创新能力监测框架共包括3个一级指标和24个二级指标。具体指标如表1-2-1所示。

表1-2-1 基础前沿研究类机构创新能力监测指标体系

一级指标	二级指标
1.人才集聚	R&D人员/万人
	R&D人员折合全时工作量/万人年
	基础研究人员/万人年
	应用研究人员/万人年
	R&D人员占全部研究机构R&D人员比重/%
	R&D人员中具有博士学位人员所占比重/%
	R&D人员中研究人员所占比重/%
2.资金配置	R&D经费内部支出/亿元
	基础研究经费/亿元
	应用研究经费/亿元

一级指标	二级指标
2.资金配置	R&D日常性支出/亿元
	R&D资产性支出/亿元
	R&D经费内部支出中的企业资金/亿元
	R&D经费外部支出/亿元
	R&D经费内部支出中科学研究经费所占比重/%
	R&D经费内部支出中政府资金所占比重/%
	R&D人员人均仪器设备支出/（万元/人年）
	R&D人员经费投入强度/（万元/人年）
3.科研产出	发表科技论文数/篇
	在国外发表科技论文数/篇
	出版科技著作/种
	专利授权量/件
	专利所有权转让与许可收入/亿元
	培养硕博士毕业生人数/人

（三）公益性研究类机构创新能力监测框架

针对公益性研究类机构向社会提供关系国计民生和经济社会可持续发展的公共技术服务和社会公益服务的职能定位，从4个方面构建反映其创新能力特点的监测框架。

一是人才集聚。主要监测该类机构科技活动人员和R&D人员投入情况，包括8个二级指标。

二是资金配置。主要监测该类机构科技经费、R&D经费投入和政府资金支持等情况，包括11个二级指标。

三是科研产出。主要监测该类机构开展创新活动所产生的论文、专利和人才培养等成果和成效情况，包括10个二级指标。

四是对外服务。主要监测该类机构对外开展公共技术服务和社会公益服务等情况。包括11个二级指标。

综上所述，公益性研究类机构创新能力监测框架共包括4个一级指标和40个二级指标。具体指标如表1-3-1所示。

表1-3-1　公益性研究类机构创新能力监测指标体系

一级指标	二级指标
1.人才集聚	科技活动人员/万人
	科技活动人员占从业人员比重/%
	R&D人员/万人
	R&D人员折合全时工作量/万人年
	科学研究人员/万人年
	R&D人员中研究人员所占比重/%
	R&D人员中具有硕士及以上学位人员所占比重/%
	R&D人员占全部研究机构R&D人员比重/%
2.资金配置	科技经费筹集额/亿元
	科技经费内部支出/亿元
	R&D经费内部支出/亿元
	科学研究经费/亿元
	R&D日常性支出/亿元
	R&D资产性支出/亿元
	R&D经费内部支出中企业资金/亿元
	R&D经费外部支出/亿元
	R&D经费内部支出中政府资金所占比重/%
	R&D经费占全部研究机构R&D经费比重/%
	R&D人员经费投入强度/（万元/人年）

续表

一级指标	二级指标
3.科研产出	发表科技论文数/篇
	在国外发表科技论文数/篇
	出版科技著作/种
	专利申请量/件
	发明专利申请量/件
	专利授权量/件
	发明专利授权量/件
	有效发明专利/件
	软件著作权、植物新品种权、集成电路布图设计登记和新药证书数/件
	培养硕博士毕业生人数/人
4.对外服务	用于环保、生态建设和能源合理利用的课题经费内部支出/亿元
	用于促进卫生和教育事业发展的课题经费内部支出/亿元
	用于促进基础设施及城市和农村规划的课题经费内部支出/亿元
	用于促进农林牧渔业发展的课题经费内部支出/亿元
	用于促进社会发展和社会服务的课题经费内部支出/亿元
	对外科技服务人员/人年
	负责科技成果示范性推广工作的人员/人年
	对外提供技术咨询工作的人员/人年
	开展地质、气象和地震等日常观察的人员/人年
	提供检验、测试、计量和专利服务等的人员/人年
	开展科技培训工作的人员/人年

（四）应用技术研发类机构创新能力监测框架

针对应用技术研发类机构从事产业共性技术、关键技术研究，推动国家和地方高新技术产业发展，促进科技成果转化的特点，从5个方面构建反映其创新能力的监测框架。

一是资源聚集。主要监测该类机构R&D人员和R&D经费投入情况，包括12个二级指标。

二是研发能力。主要监测该类机构开展技术创新活动的试验发展人员、经费投入，以及发明专利和软件著作权等知识产权产出情况，包括9个二级指标。

三是科技合作。主要监测该类机构与企业、高校和国内其他研究机构开展R&D合作等情况，包括R&D经费内部支出中企业资金占比、国外资金占比和人员流动等6个二级指标。

四是对外服务与人才培养。主要监测该类机构对外提供科技服务情况，以及人才培养、对社会的贡献等。主要包括对外科技服务人员、促进社会经济发展的课题研究经费支出等7个二级指标。

五、成果转化。主要监测该类机构科技成果转化情况，即将科技成果进行后续开发、应用、推广，主要包括专利所有权转让与许可数、设置专门负责科技成果转化部门机构数、负责成果转化与扩散的专职工作人员数等9个二级指标。

综上所述，应用技术研发类机构创新能力监测框架共包括5个一级指标和43个二级指标。具体指标如表1-4-1所示。

表1-4-1　应用技术研发类机构创新能力监测指标体系

一级指标	二级指标
1.资源聚集	科技活动人员/万人
	R&D人员/万人
	R&D人员占全部研究机构R&D人员比重/%
	R&D人员中具有大学本科及以上学历人员所占比重/%
	R&D人员折合全时工作量/万人年
	科技经费筹集额/亿元
	R&D经费内部支出/亿元

续表

一级指标	二级指标
1.资源聚集	R&D日常性支出/亿元
	R&D资产性支出/亿元
	R&D经费外部支出/亿元
	R&D人员经费投入强度/（万元/人年）
	R&D人员人均仪器设备支出/（万元/人年）
2.研发能力	试验发展人员/万人年
	R&D人员中试验发展人员所占比重/%
	试验发展经费/亿元
	R&D经费内部支出中试验发展经费所占比重/%
	发明专利申请量/件
	发明专利授权量/件
	有效发明专利/件
	形成国家或行业标准数/项
	软件著作权、植物新品种权、集成电路布图设计登记和新药证书数/件
3.科技合作	R&D经费内部支出中来自企业的资金/万元
	R&D经费内部支出中企业资金所占比重/%
	R&D经费内部支出中来自国外的资金/万元
	流向企业人员数/人
	流向高等院校人员数/人
	流向其他研究机构人员数/人
4.对外服务 与人才培养	对外科技服务人员/万人年
	负责科技成果示范性推广与对外提供技术咨询等工作的人员/万人年
	负责科技培训工作的人员/万人年
	用于促进社会发展和社会服务的课题经费内部支出/亿元
	用于促进农林牧渔业发展的课题经费内部支出/亿元
	用于促进工商业发展的课题经费内部支出/亿元
	培养硕博士毕业生人数/人

一级指标	二级指标
5.成果转化	专利所有权转让与许可数/件
	专利所有权转让与许可收入/万元
	设置专门负责科技成果转化部门的机构数/个
	负责成果转化与扩散的专职工作人员数/人
	在科技成果转化过程中有科技成果转化引导基金支持的机构数/个
	鼓励职工利用科技成果创业的机构数/个
	鼓励科研人员就科技成果与企业联系的机构数/个
	制定相应实施细则落实《中华人民共和国促进科技成果转化法》的机构数/个
	将科技成果转化、服务中小企业技术创新的绩效列入应用研究类专业技术职称评价体系的机构数/个

二、研究机构总体创新能力状况

作为国家创新体系的重要组成部分，研究机构既是国家重要的知识创新部门，承担基础性研究任务，又肩负实现国家目标的任务，负有知识创造、科学传播、技术开发和服务社会的责任，同时也是推进产业技术创新、促进科技成果转化的重要力量。

监测数据显示：

2017年，我国政府研究机构共3547个，从业人员77.6万人，科技活动人员60.5万人，R&D人员46.2万人。当年，我国政府研究机构投入R&D人员折合全时工作量为40.6万人年，比上年增长4.0%，占全社会R&D人员折合全时工作量的比重为10.1%。当年，我国研究机构科技经费筹集额为3765.8亿元，其中，来源于政府的资金为3043.9亿元，占80.8%；来源于企业的资金为200.4亿元，占5.3%。虽然我国研究机构的科技经费中来源于企业的资金较上年占比（5.4%）略有回落，但是资金规模仍呈现增长态势。当年，研究机构的科技经费内部支出为3212.6亿元；R&D经费内部支出为2435.7亿元，比上年增长7.8%，占全社会R&D经费内部支出总额的13.8%；在R&D经费内部支出中，基础研究经费支出为384.4亿元，占15.8%，比上年提高0.9个百分点。当年，我国研究机构发表科技论文17.8万篇，其中，在国外发表科技论文5.5万篇，占研究机构发表科技论文总数的30.7%；专利申请量56 267件，其中，发明专利申请量43 426件，占77.2%；专利授权量35 350件，其中，发明专利授权量24 283件，占68.7%；有效发明专利12.5万件；形成国家或行业标准3859项。

从研究机构的隶属关系看，中央部门属研究机构在我国研究机构中具有举足轻重的作用。2017年，中央部门属研究机构以占全部研究机构20.5%的数量，集聚了

68.8%的科技活动人员和77.5%的R&D人员折合全时工作量，投入了87.7%的R&D经费内部支出，产出了83.9%的发明专利申请量，实现了85.6%的专利所有权转让与许可收入。

从研究机构的地区分布看，2017年，北京、广东、山东、四川和山西拥有研究机构的数量居全国前5位，分别为391个、199个、198个、169个和162个，上述5个地区研究机构数量占全国研究机构数量的31.5%。

从不同地区研究机构的R&D经费内部支出看，当年，北京、上海、四川、陕西和江苏的R&D经费内部支出居前5位，分别为741.2亿元、320.5亿元、221.1亿元、183.3亿元和164.6亿元。上述5个地区的研究机构R&D经费内部支出占全国研究机构R&D经费内部支出的66.9%。

从研究机构的学科分布看，当年，农业科学领域研究机构数量最多，为1247个，占全部研究机构的35.2%；工程科学与技术领域研究机构的R&D经费内部支出最多，为1707.3亿元，占全国研究机构R&D经费内部支出的70.1%。

（一）科技创新资源

表2-1-1　研究机构科技创新资源情况（2010—2017年）

指标	2010年	2011年	2012年	2013年	2014年	2015年	2016年	2017年
机构数/个	3696	3673	3674	3651	3677	3650	3611	3547
从业人员/万人	66.4	70.3	73.9	76.2	77.9	78.2	76.9	77.6
科技活动人员/万人	49.6	51.9	54.7	56.8	58.0	58.8	60.5	60.5
科技活动人员中硕博士毕业人员所占比重/%	27.1	29.8	32.4	34.8	37.3	40.2	40.2	42.4
科技活动人员中高中级职称人员所占比重/%	56.9	57.3	57.9	58.1	59.8	60.6	61.9	62.0
R&D人员/万人	34.2	36.2	38.8	40.9	42.3	43.6	45.0	46.2
R&D人员占全社会R&D人员比重/%	9.6	9.0	8.4	8.2	7.9	8.0	7.7	7.4

续表

指标	2010年	2011年	2012年	2013年	2014年	2015年	2016年	2017年
R&D人员中具有博士学位人员所占比重/%	12.2	13.7	14.6	15.4	16.0	16.8	17.6	17.7
R&D人员折合全时工作量/万人年	29.3	31.6	34.4	36.4	37.4	38.4	39.0	40.6
科技经费筹集额/亿元	1890.9	2000.6	2484.4	2824.8	2988.8	3304.2	3507.6	3765.8
科技经费筹集额中来源于政府的资金所占比重/%	81.7	80.4	79.7	81.1	80.5	81.4	80.3	80.8
科技经费筹集额中来源于企业的资金所占比重/%	3.8	3.5	4.2	4.2	4.5	5.0	5.4	5.3
科技经费内部支出/亿元	1686.5	1848.4	2177.4	2460.3	2609.4	2869.6	3027.1	3212.6
R&D经费内部支出/亿元	1186.4	1306.7	1548.9	1781.4	1926.2	2136.5	2260.2	2435.7
R&D日常性支出/亿元	832.3	969.7	1163.6	1345.1	1450.9	1690.9	1808.1	1970.7
R&D资产性支出/亿元	354.1	337.0	385.3	436.3	475.3	445.6	452.1	465.0
R&D经费内部支出占全社会R&D经费内部支出比重/%	16.8	15.0	15.0	15.0	14.8	15.1	14.4	13.8
R&D经费内部支出与GDP的比值/%	0.3	0.3	0.3	0.3	0.3	0.3	0.3	0.3
R&D人员经费投入强度/（万元/人年）	40.4	41.4	45.1	49.0	51.5	55.7	57.9	60.0
R&D人员人均仪器设备支出/（万元/人年）	7.2	6.7	6.5	7.1	7.7	7.3	7.6	7.1

表2-1-2 2017年研究机构数量与人员分布情况

	机构数/个	从业人员/人	科技活动人员/人	R&D人员/人
总计	3547	775 526	604 607	462 213
一、按隶属关系分				
中央部门属	728	541 767	415 928	352 652
地方部门属	2819	233 759	188 679	109 561

续表

	机构数/个	从业人员/人	科技活动人员/人	R&D人员/人
二、按地区分				
北　京	391	170 666	144 543	119 429
天　津	61	21 837	16 756	13 206
河　北	80	20 921	13 532	10 435
山　西	162	15 991	12 472	5633
内蒙古	96	9551	7186	3789
辽　宁	159	22 720	20 601	16 409
吉　林	104	12 100	11 119	8873
黑龙江	147	13 189	10 799	7504
上　海	132	43 871	39 866	32 821
江　苏	133	59 205	40 949	28 364
浙　江	98	16 396	14 515	9572
安　徽	100	21 796	14 123	12 187
福　建	99	7837	8056	5703
江　西	114	12 538	9059	6242
山　东	198	21 668	19 659	14 624
河　南	122	31 438	21 095	14 897
湖　北	116	28 009	21 897	14 816
湖　南	119	13 284	10 042	7835
广　东	199	31 408	23 205	17 635
广　西	119	11 550	8568	5198
海　南	28	4518	3070	2278
重　庆	31	12 484	8776	5954
四　川	169	76 330	47 653	39 830
贵　州	76	6437	5946	4020
云　南	118	11 612	10 609	8563

	机构数/个	从业人员/人	科技活动人员/人	R&D人员/人
西　藏	17	1348	827	523
陕　西	104	57 638	40 322	32 108
甘　肃	106	10 633	10 651	7524
青　海	25	1355	1455	1137
宁　夏	20	838	833	697
新　疆	104	6358	6423	4407
三、按机构学科领域分				
自然科学领域	265	62 437	81 882	78 743
农业科学领域	1247	97 308	84 186	60 318
医学科学领域	285	69 350	43 649	31 966
工程科学与技术领域	1111	509 916	361 274	273 374
社会、人文科学领域	639	36 515	33 616	17 812

表2-1-3　2017年研究机构科技经费分布情况

	科技经费筹集额/亿元	科技经费内部支出/亿元	R&D经费内部支出/亿元
总计	3765.8	3212.6	2435.7
一、按隶属关系分			
中央部门属	3076.0	2560.1	2135.1
地方部门属	689.8	652.5	300.6
二、按地区分			
北　京	1289.5	997.6	741.2
天　津	66.1	63.4	51.5
河　北	59.9	58.0	48.8
山　西	30.7	28.2	13.1
内蒙古	27.8	30.2	12.6

	科技经费筹集额/亿元	科技经费内部支出/亿元	R&D经费内部支出/亿元
辽　宁	112.4	94.9	79.2
吉　林	42.4	39.2	29.4
黑龙江	39.2	31.8	22.7
上　海	481.0	372.0	320.5
江　苏	231.5	207.8	164.6
浙　江	63.8	59.7	36.2
安　徽	69.8	65.7	58.4
福　建	31.4	38.7	23.2
江　西	29.5	23.2	15.2
山　东	88.1	79.2	50.5
河　南	63.8	57.2	35.4
湖　北	157.7	140.3	81.9
湖　南	47.1	39.5	31.8
广　东	128.6	123.5	83.8
广　西	31.2	29.6	17.1
海　南	20.4	17.3	11.3
重　庆	24.7	25.5	18.8
四　川	277.6	249.8	221.1
贵　州	17.4	15.7	9.7
云　南	36.6	37.5	29.9
西　藏	4.4	4.0	1.5
陕　西	217.5	219.8	183.3
甘　肃	46.6	36.8	27.7
青　海	5.6	4.9	2.9
宁　夏	3.5	3.0	2.3

续表

	科技经费筹集额/亿元	科技经费内部支出/亿元	R&D经费内部支出/亿元
新　疆	20.0	18.6	9.7
三、按机构学科领域分			
自然科学领域	496.3	439.9	373.9
农业科学领域	352.3	324.6	192.1
医学科学领域	168.6	177.7	106.7
工程科学与技术领域	2604.0	2142.7	1707.3
社会、人文科学领域	144.6	127.7	55.7

（二）知识创造与技术研发

表2-2-1　研究机构知识创造与技术研发情况（2010—2017年）

指标	2010年	2011年	2012年	2013年	2014年	2015年	2016年	2017年
研究人员/万人年	18.2	20.0	21.8	23.6	24.3	25.6	27.4	28.7
研究人员占R&D人员比重/%	62.0	63.3	63.4	64.9	64.9	65.3	70.2	70.8
基础研究人员/万人年	4.2	5.0	5.7	6.1	6.6	7.1	8.4	8.4
基础研究人员占R&D人员比重/%	14.3	15.9	16.5	16.7	17.6	18.6	21.5	20.8
应用研究人员/万人年	10.9	11.3	12.1	13.0	12.8	13.1	12.7	14.3
应用研究人员占R&D人员比重/%	37.2	35.9	35.3	35.7	34.3	34.2	32.6	35.2
试验发展人员/万人年	14.2	15.2	16.5	17.3	18.0	18.1	17.9	17.8
试验发展人员占R&D人员比重/%	48.5	48.2	48.2	47.6	48.1	47.2	45.9	44.0
基础研究经费/亿元	129.9	160.2	197.9	221.6	258.9	295.3	337.4	384.4
基础研究经费占R&D经费内部支出比重/%	11.0	12.3	12.8	12.4	13.4	13.8	14.9	15.8
应用研究经费/亿元	387.6	417.2	469.3	525.8	552.9	618.4	642.1	699.4
应用研究经费占R&D经费内部支出比重/%	32.7	31.9	30.3	29.5	28.7	28.9	28.4	28.7

续表

指标	2010年	2011年	2012年	2013年	2014年	2015年	2016年	2017年
试验发展经费/亿元	668.9	729.3	881.7	1034.0	1114.4	1222.8	1280.7	1351.9
试验发展经费占R&D经费内部支出比重/%	56.4	55.8	56.9	58.0	57.9	57.2	56.7	55.5
发表科技论文数/篇	140 818	148 039	158 647	164 440	171 928	169 989	175 169	177 572
在国外发表科技论文数/篇	26 862	31 598	35 173	41 072	47 032	47 301	50 010	54 500
出版科技著作/种	3922	4292	4458	4619	5023	5662	5714	5459
专利申请量/件	19 192	24 059	30 418	37 040	41 966	46 559	52 331	56 267
发明专利申请量/件	14 979	18 227	23 406	28 628	32 265	35 092	39 854	43 426
专利授权量/件	8698	12 126	16 551	20 095	24 870	30 104	32 442	35 350
发明专利授权量/件	5249	7862	10 935	12 542	15 786	19 720	21 816	24 283
有效发明专利/件	22 679	29 260	42 908	53 636	65 837	86 367	107 718	124 518
形成国家或行业标准数/项	3594	3960	4862	4368	3816	3813	3425	3859
软件著作权、植物新品种权、集成电路布图设计登记和新药证书数/件								5957

表2-2-2　2017年研究机构知识创造与技术研发分布情况

	基础研究人员/人年	应用研究人员/人年	试验发展人员/人年	基础研究经费/亿元	应用研究经费/亿元	试验发展经费/亿元
总计	84 427	142 911	178 373	384.4	699.4	1351.9
一、按隶属关系分						
中央部门属	67 718	112 932	133 945	333.3	602.2	1199.6
地方部门属	16 709	29 979	44 428	51.1	97.2	152.2
二、按地区分						
北　京	29 915	40 819	31 804	150.2	232.3	358.7
天　津	2390	5603	4340	8.1	19.4	24.0
河　北	753	3677	5197	2.7	11.2	34.9

	基础研究 人员/人年	应用研究 人员/人年	试验发展 人员/人年	基础研究 经费/亿元	应用研究 经费/亿元	试验发展 经费/亿元
山 西	653	1596	2420	2.2	4.5	6.5
内蒙古	539	856	1637	2.0	4.3	6.3
辽 宁	2363	4886	7049	10.3	28.8	40.1
吉 林	1933	2557	2802	6.6	8.5	14.4
黑龙江	1780	2322	2783	5.1	5.9	11.7
上 海	6090	9450	13 791	39.4	74.0	207.0
江 苏	3854	10 588	12 136	13.9	51.9	98.8
浙 江	995	2955	3889	3.2	11.6	21.4
安 徽	3037	3681	4173	17.6	18.0	22.8
福 建	1641	1465	1641	10.7	7.1	5.3
江 西	501	1251	3891	1.1	2.3	11.9
山 东	3801	4733	4686	12.2	15.1	23.1
河 南	797	3154	6907	3.1	9.2	23.1
湖 北	2664	6459	4538	8.9	38.8	34.3
湖 南	761	2648	3561	1.8	10.0	20.0
广 东	3814	3851	6801	21.2	22.4	40.2
广 西	1092	1937	1545	3.1	6.9	7.1
海 南	838	611	507	6.1	4.4	0.9
重 庆	1232	1895	1905	3.2	6.3	9.3
四 川	2846	8326	24 717	17.7	38.8	164.7
贵 州	1273	986	1342	3.3	2.5	4.0
云 南	2561	2049	3001	9.2	7.4	13.3
西 藏	178	178	166	0.5	0.4	0.6
陕 西	2255	10 815	17 120	7.1	44.1	132.0
甘 肃	2464	1544	2480	9.5	7.4	10.7

续表

	基础研究人员/人年	应用研究人员/人年	试验发展人员/人年	基础研究经费/亿元	应用研究经费/亿元	试验发展经费/亿元
青　海	256	244	252	0.9	0.8	1.3
宁　夏	78	227	315	0.3	0.7	1.4
新　疆	1073	1548	977	3.2	4.4	2.2
三、按机构学科领域分						
自然科学领域	34 109	23 218	6640	196.6	136.3	41.0
农业科学领域	9075	12 268	30 729	30.4	50.1	111.6
医学科学领域	8037	12 850	5539	28.4	50.2	28.0
工程科学与技术领域	27 847	86 168	133 852	106.1	434.2	1167.0
社会、人文科学领域	5359	8407	1613	22.8	28.5	4.3

表2-2-3　2017年研究机构科技产出分布情况

	发表科技论文数/篇	在国外发表科技论文数/篇	发明专利申请量/件	发明专利授权量/件	有效发明专利/件
总计	177 572	54 500	43 426	24 283	124 518
一、按隶属关系分					
中央部门属	113 775	47 492	36 437	21 067	104 067
地方部门属	63 797	7008	6989	3216	20 451
二、按地区分					
北　京	57 974	22 797	12 431	8283	43 857
天　津	2857	381	1238	607	2594
河　北	2763	248	623	271	1817
山　西	2562	377	454	220	1423
内蒙古	1339	60	101	37	332
辽　宁	5223	1884	2330	1049	4479

续表

	发表科技论文数/篇	在国外发表科技论文数/篇	发明专利申请量/件	发明专利授权量/件	有效发明专利/件
吉 林	3883	1480	970	620	2695
黑龙江	3140	350	435	170	838
上 海	10 003	4683	3526	1969	10 501
江 苏	10 368	3138	2611	1185	6998
浙 江	5335	1518	1267	660	3540
安 徽	3469	1061	1340	737	2884
福 建	3780	1388	693	264	1585
江 西	1857	158	392	143	792
山 东	6948	2186	1449	828	4828
河 南	3475	358	1137	593	3050
湖 北	6407	1521	1471	796	5175
湖 南	2474	345	450	234	1483
广 东	8510	3471	2444	1325	6552
广 西	2908	346	483	255	1136
海 南	1645	372	136	83	720
重 庆	2631	170	308	232	971
四 川	7396	1549	2329	1332	5204
贵 州	2169	273	281	79	704
云 南	3964	1205	379	171	1105
西 藏	112	9	17	17	23
陕 西	6131	719	3000	1580	6451
甘 肃	4056	1438	630	288	1661
青 海	696	248	167	81	371
宁 夏	530	4	36	11	68
新 疆	2967	763	298	163	681

	发表科技论文数/篇	在国外发表科技论文数/篇	发明专利申请量/件	发明专利授权量/件	有效发明专利/件
三、按机构学科领域分					
自然科学领域	38 298	24 690	7811	4790	23 830
农业科学领域	34 060	6136	5586	2650	17 611
医学科学领域	20 568	6033	1018	518	4320
工程科学与技术领域	61 214	17 094	28 933	16 296	78 615
社会、人文科学领域	23 432	547	78	29	142

（三）创新合作与交流

表2-3-1　研究机构创新合作与交流情况（2010—2017年）

指标	2010年	2011年	2012年	2013年	2014年	2015年	2016年	2017年
R&D经费内部支出中来自企业的资金/亿元	34.2	39.9	47.4	60.9	62.1	65.4	90.4	91.9
R&D经费内部支出中企业资金所占比重/%	2.9	3.1	3.1	3.4	3.2	3.1	4.0	3.8
R&D经费内部支出中来自国外的资金/亿元	3.4	4.9	5.1	5.7	9.1	5.0	3.9	4.4
R&D经费内部支出中国外资金所占比重/%	0.3	0.4	0.3	0.3	0.5	0.2	0.2	0.2
R&D经费外部支出/亿元	41.5	46.4	60.6	54.0	79.2	68.2	86.7	156.5
R&D经费外部支出占R&D经费支出总额的比重/%	3.4	3.4	3.8	2.9	3.9	3.1	3.7	6.0
对境内企业的R&D经费外部支出/亿元	7.0	7.7	8.5	7.5	15.4	13.2	17.0	40.0
对境内高等院校的R&D经费外部支出/亿元	3.4	3.7	5.0	5.1	5.6	6.8	8.7	11.5

指标	2010年	2011年	2012年	2013年	2014年	2015年	2016年	2017年
对境内其他研究机构的R&D经费外部支出/亿元	18.5	18.8	26.8	29.7	52.5	35.8	41.7	79.4
对境外机构的R&D经费外部支出/万元	382.3	268	507	434.7	909	579	169	479
企业R&D经费外部支出中委托境内研究机构所占比重/%	38.0	41.2	39.9	40.3	42.3	45.6	47.1	39.0
流向企业人员数/人								9158
流向高等院校人员数/人								1335
流向其他研究机构人员数/人								2070

表2-3-2　2017年研究机构创新合作与交流分布情况

	R&D经费内部支出中来自企业的资金/亿元	R&D经费内部支出中来自国外的资金/亿元	R&D经费外部支出/亿元	对境内企业的R&D经费外部支出/亿元
总计	91.9	4.4	156.5	40.0
一、按隶属关系分				
中央部门属	83.2	4.0	152.6	38.6
地方部门属	8.6	0.4	3.9	1.4
二、按地区分				
北　京	26.2	2.2	81.8	19.2
天　津	0.8	0.0	1.8	0.0
河　北	0.2	0.0	0.1	0.0
山　西	1.3	0.0	1.2	0.0
内蒙古	0.0	0.0	0.2	0.0
辽　宁	6.5	0.1	13.0	0.7
吉　林	0.2	0.0	0.0	0.0
黑龙江	1.0	0.0	0.5	0.0

	R&D经费内部支出中来自企业的资金/亿元	R&D经费内部支出中来自国外的资金/亿元	R&D经费外部支出/亿元	对境内企业的R&D经费外部支出/亿元
上　海	5.3	0.8	3.3	2.2
江　苏	4.6	0.3	4.9	2.5
浙　江	4.7	0.0	1.0	0.1
安　徽	3.8	0.3	0.3	0.0
福　建	1.2	0.0	0.0	0.0
江　西	0.7	0.0	2.5	0.2
山　东	1.8	0.1	1.8	0.2
河　南	0.6	0.0	0.1	0.0
湖　北	3.4	0.1	11.6	0.3
湖　南	4.8	0.0	6.3	5.4
广　东	5.7	0.1	1.3	0.4
广　西	0.2	0.0	0.8	0.0
海　南	0.1	0.0	0.0	0.0
重　庆	1.1	0.0	0.4	0.2
四　川	10.0	0.1	15.9	4.0
贵　州	0.1	0.0	0.4	0.2
云　南	1.4	0.1	0.5	0.1
西　藏	0.0	0.0	0.0	0.0
陕　西	4.2	0.0	6.5	4.2
甘　肃	1.4	0.1	0.2	0.0
青　海	0.2	0.0	0.0	0.0
宁　夏	0.0	0.0	0.1	0.1
新　疆	0.2	0.0	0.1	0.0
三、按机构学科领域分				
自然科学领域	14.8	2.1	13.7	4.1

	R&D经费内部支出中来自企业的资金/亿元	R&D经费内部支出中来自国外的资金/亿元	R&D经费外部支出/亿元	对境内企业的R&D经费外部支出/亿元
农业科学领域	5.9	0.3	6.8	0.9
医学科学领域	3.6	0.8	2.8	0.5
工程科学与技术领域	66.2	1.0	131.5	34.1
社会、人文科学领域	1.4	0.1	1.6	0.3

（四）创新服务与人才培养

表2-4-1　研究机构创新服务与人才培养情况（2010—2017年）

指标	2010年	2011年	2012年	2013年	2014年	2015年	2016年	2017年
研究机构作为卖方的技术合同成交数/项	29 673	31 833	36 140	33 118	29 328	40 663	30 804	35 054
研究机构作为卖方的技术合同成交金额/亿元	199.0	261.4	403.0	501.0	458.8	560.4	705.2	866.8
专利所有权转让与许可数/件	572	735	1095	2644	1153	3567	1723	2090
专利所有权转让与许可收入/亿元	29.1	62.4	4.2	31.9	4.7	7.2	8.6	8.9
设置专门负责科技成果转化部门的机构数/个								1122
设置专门负责科技成果转化部门的机构数占研究机构总数的比重/%								31.6
负责成果转化与扩散的专职工作人员数/人								4611
负责成果转化与扩散的专职工作人员数占科技活动人员的比重/%								0.8
对外科技服务人员/万人年								12.1
负责科技成果示范性推广工作的人员占对外科技服务人员的比重/%								18.5

续表

指标	2010年	2011年	2012年	2013年	2014年	2015年	2016年	2017年
对外提供技术咨询工作的人员占对外科技服务人员的比重/%								15.8
开展地质、气象和地震等日常观察的人员占对外科技服务人员的比重/%								2.4
提供检验、测试、计量和专利服务等人员占对外科技服务人员的比重/%								19.0
开展科技培训工作人员占对外科技服务人员的比重/%								25.4
用于环保、生态建设和能源合理利用的课题经费内部支出/亿元	52.4			77.3	77.8	90.9	84.8	91.8
用于促进卫生和教育事业发展的课题经费内部支出/亿元	31.7			37.7	46.9	66.4	61.1	66.8
用于促进基础设施及城市和农村规划的课题经费内部支出/亿元	16.9			17.1	19.5	12.2	13.2	12.7
用于促进社会发展和社会服务的课题经费内部支出/亿元	20.9			36.6	38.2	44.7	50.4	60.5
用于促进农林牧渔业发展的课题经费内部支出/亿元	69.2			92.0	98.0	111.1	120.0	135.3
用于促进工商业发展的课题经费内部支出/亿元	29.4			50.1	54.5	58.1	68.0	74.8
培养硕博士毕业生人数/人								16 747

表2-4-2 2017年研究机构创新服务与人才培养分布情况

	专利所有权转让与许可数/件	专利所有权转让与许可收入/亿元	对外科技服务人员/人年	培养硕博士毕业生人数/人
总计	2090	8.9	120 742	16 747
一、按隶属关系分				
中央部门属	1611	7.6	51 413	13 543

	专利所有权转让与许可数/件	专利所有权转让与许可收入/亿元	对外科技服务人员/人年	培养硕博士毕业生人数/人
地方部门属	479	1.3	69 329	3204

二、按地区分

北　京	874	4.0	16 682	7601
天　津	22	0.4	3412	146
河　北	9	0.0	1551	59
山　西	4	0.1	2520	158
内蒙古	1	0.0	1139	11
辽　宁	42	0.4	2483	454
吉　林	56	0.2	1974	498
黑龙江	61	0.1	2948	293
上　海	190	1.1	3787	1646
江　苏	84	0.3	4464	598
浙　江	122	0.7	4191	306
安　徽	15	0.1	3956	351
福　建	53	0.1	3048	308
江　西	15	0.0	2537	31
山　东	84	0.2	7932	688
河　南	4	0.0	3766	104
湖　北	30	0.0	4157	516
湖　南	22	0.0	2696	124
广　东	170	0.2	8361	866
广　西	11	0.0	2504	222
海　南	10	0.0	2086	60
重　庆	41	0.4	3412	86
四　川	21	0.0	11 025	468

	专利所有权转让与许可数/件	专利所有权转让与许可收入/亿元	对外科技服务人员/人年	培养硕博士毕业生人数/人
贵　州	8	0.2	2160	90
云　南	16	0.2	3295	331
西　藏	4	0.0	185	0
陕　西	55	0.1	9305	135
甘　肃	45	0.1	2723	342
青　海	5	0.0	228	61
宁　夏	0	0.0	235	3
新　疆	16	0.0	1980	191
三、按机构学科领域分				
自然科学领域	389	2.1	10 473	7362
农业科学领域	507	0.6	37 287	2388
医学科学领域	81	0.9	4894	2506
工程科学与技术领域	1113	5.2	61 504	3216
社会、人文科学领域	0	0.0	6584	1275

三、基础前沿研究类机构创新能力状况

基础前沿研究类机构的主要任务是认识自然现象、揭示自然规律，获取关于现象和可观察事实的基本原理的新知识，解决重大科学问题，提出重大科学发现，发展具有重要影响的科学理论，为突破关键核心技术瓶颈提供科学依据。

监测数据显示：

2017年，我国基础前沿研究类机构共有555个，从业人员为9.7万人，科技活动人员（包含外聘的流动学者及参与R&D活动的在读研究生）为11.8万人，R&D人员为11.1万人。该类机构的R&D人员占全部研究机构R&D人员的24.0%；R&D人员折合全时工作量为9.0万人年，其中，基础研究和应用研究人员分别为4.1万人年和3.9万人年，分别占R&D人员折合全时工作量的45.6%和43.3%，即基础前沿研究类机构中的R&D人员近九成（88.9%）从事科学研究工作。当年，我国基础前沿研究类机构的科技经费筹集额为667.3亿元，其中，来源于政府的资金为553.3亿元，占82.9%；来源于企业的资金为37.6亿元，占5.6%。当年，该类机构的科技经费内部支出为586.3亿元，占全部研究机构科技经费内部支出的18.3%；R&D经费内部支出为495.1亿元，占全部研究机构R&D经费内部支出的20.3%。在该类机构的R&D经费内部支出中，基础研究和应用研究经费支出分别为225.1亿元和220.5亿元，分别占45.5%和44.5%，即九成（90.0%）的R&D经费投向科学研究。2017年，该类机构的R&D经费来源中，来自政府的资金为430.1亿元，占86.9%，来自企业的资金为35.8亿元，占7.2%。当年，该类机构发表科技论文66 240篇，其中，在国外发表科技论文33 610篇，占50.7%；该类机构在国外发表的科技论文占全部研究机构在国外发表科技论文的61.7%。当年，该类机构专利申请量为14 882件，其中，发明专利申请量为12 496

件，占84.0%；专利授权量为9346件，其中，发明专利授权量为7820件，占83.7%；有效发明专利39 813件，专利所有权转让与许可收入4.2亿元。当年，该类机构出版科技著作2164种；形成国家或行业标准372项。

从基础前沿研究类机构的地区分布看，2017年，北京拥有该类研究机构数量最多，达108个；山东、上海、广东、云南分别为37个、36个、36个和24个；上述5个地区的基础前沿研究类机构数量在该类研究机构中的占比为43.4%。

从该类研究机构的R&D经费内部支出看，当年，北京、上海、辽宁、广东和吉林的R&D经费内部支出居全国前5位，分别为183.8亿元、75.6亿元、27.9亿元、24.0亿元和22.9亿元。上述5个地区R&D经费内部支出占基础前沿类研究机构R&D经费内部支出的67.5%。

从该类研究机构的学科分布看，当年，社会、人文科学领域机构数量最多，为224个，占40.4%；自然科学领域R&D经费内部支出最多，达到294.0亿元，占59.4%。

我国基础前沿研究类机构在科学研究方面投入力度大，成果产出和人才培养成效显著。2017年，我国基础前沿研究类机构以15.6%的机构数量，投入了35.2%的科学研究（基础研究和应用研究）人员和41.1%的科学研究经费，产生了61.7%的国外科技论文和39.6%的科技著作，培养了59.3%的硕博士毕业生。

（一）人才集聚

表3-1-1　基础前沿研究类机构人才集聚情况（2014—2017年）

指标	2014年	2015年	2016年	2017年
R&D人员/万人	10.2	10.7	11.1	11.1
R&D人员折合全时工作量/万人年	8.5	8.8	9.0	9.0
基础研究人员/万人年	3.6	3.8	4.3	4.1
应用研究人员/万人年	3.8	4.0	3.5	3.9

指标	2014年	2015年	2016年	2017年
R&D人员占全部研究机构R&D人员比重/%	24.2	24.6	24.7	24.0
R&D人员中具有博士学位人员所占比重/%	34.9	36.2	37.0	36.3
R&D人员中研究人员所占比重/%	63.7	63.8	74.0	74.6

表3-1-2　2017年基础前沿研究类机构人员分布情况

	R&D人员折合全时工作量/人年	基础研究人员/人年	应用研究人员/人年
总计	89 930	41 331	38 910
一、按隶属关系分			
中央部门属	74 665	36 996	32 136
地方部门属	15 265	4335	6774
二、按地区分			
北　京	29 633	15 950	13 166
天　津	427	215	161
河　北	381	266	61
山　西	465	235	178
内蒙古	240	130	96
辽　宁	4543	1546	2853
吉　林	4606	1663	1857
黑龙江	834	353	348
上　海	10 741	5253	4910
江　苏	3298	883	2197
浙　江	2034	531	1172
安　徽	3394	1802	1576
福　建	1905	1058	639
江　西	586	116	278

续表

	R&D人员折合全时工作量/人年	基础研究人员/人年	应用研究人员/人年
山　东	2762	1038	1164
河　南	257	11	11
湖　北	3306	1361	1142
湖　南	753	223	360
广　东	4920	1523	1302
广　西	607	103	338
海　南	381	283	96
重　庆	205	8	150
四　川	2227	980	649
贵　州	1016	730	175
云　南	2913	1756	948
西　藏	93	65	27
陕　西	1470	492	899
甘　肃	3029	1870	754
青　海	530	182	189
宁　夏	529	77	187
新　疆	1845	628	1027
三、按机构学科领域分			
自然科学领域	50 008	28 821	17 702
农业科学领域	2367	341	952
医学科学领域	4982	1887	2501
工程科学与技术领域	22 150	6081	12 346
社会、人文科学领域	10 423	4201	5409

（二）资金配置

表3-2-1　基础前沿研究类机构资金配置情况（2014—2017年）

指标	2014年	2015年	2016年	2017年
R&D经费内部支出/亿元	395.4	435.4	447.2	495.1
基础研究经费/亿元	154.9	172.2	191.9	225.1
应用研究经费/亿元	186.9	210.1	204.7	220.5
R&D日常性支出/亿元	285.4	331.9	348.6	387.2
R&D资产性支出/亿元	109.9	103.5	98.6	107.9
R&D经费内部支出中的企业资金/亿元	21.3	23.0	29.7	35.8
R&D经费外部支出/亿元				9.9
R&D经费内部支出中科学研究经费所占比重/%	86.5	87.8	88.7	90.0
R&D经费内部支出中政府资金所占比重/%	87.1	88.8	86.6	86.9
R&D人员人均仪器设备支出/（万元/人年）	8.5	7.8	7.7	8.4
R&D人员经费投入强度/（万元/人年）	46.5	49.7	49.9	55.1

表3-2-2　2017年基础前沿研究类机构R&D经费分布情况

	R&D经费内部支出/亿元	基础研究经费/亿元	应用研究经费/亿元	R&D日常性支出/亿元	R&D资产性支出/亿元
总计	495.1	225.1	220.5	387.2	107.9
一、按隶属关系分					
中央部门属	445.6	208.3	200.8	345.3	100.3
地方部门属	49.5	16.8	19.7	41.9	7.6
二、按地区分					
北　京	183.8	100.3	79.2	150.3	33.5
天　津	2.1	0.9	1.1	2.0	0.2
河　北	1.8	1.4	0.3	1.7	0.0

续表

	R&D经费内部支出/亿元	基础研究经费/亿元	应用研究经费/亿元	R&D日常性支出/亿元	R&D资产性支出/亿元
山　西	2.6	1.0	1.3	2.1	0.5
内蒙古	0.5	0.2	0.2	0.4	0.0
辽　宁	27.9	8.2	19.0	22.2	5.7
吉　林	22.9	5.9	7.1	17.1	5.9
黑龙江	1.5	0.5	0.6	1.3	0.2
上　海	75.6	33.1	38.4	60.3	15.3
江　苏	13.3	3.0	9.6	10.2	3.1
浙　江	11.6	2.1	7.1	9.1	2.5
安　徽	19.9	12.1	7.7	12.4	7.5
福　建	13.6	8.3	4.3	6.3	7.3
江　西	1.3	0.3	0.5	1.1	0.2
山　东	12.0	4.8	5.0	8.8	3.2
河　南	0.4	0.0	0.0	0.2	0.2
湖　北	13.0	5.3	4.8	10.2	2.8
湖　南	1.4	0.3	0.8	1.0	0.4
广　东	24.0	7.4	6.8	17.4	6.6
广　西	3.7	0.7	1.9	3.4	0.4
海　南	5.6	3.5	2.1	2.5	3.1
重　庆	0.6	0.0	0.5	0.5	0.1
四　川	11.1	2.5	4.9	9.2	1.8
贵　州	3.4	2.7	0.4	3.1	0.3
云　南	10.8	7.1	3.0	9.3	1.6
西　藏	0.4	0.3	0.0	0.2	0.1
陕　西	9.0	2.7	6.1	7.4	1.5
甘　肃	11.9	6.9	3.8	9.3	2.6

续表

	R&D经费内部支出/亿元	基础研究经费/亿元	应用研究经费/亿元	R&D日常性支出/亿元	R&D资产性支出/亿元
青 海	2.3	0.6	0.7	1.9	0.4
宁 夏	2.0	0.3	0.6	1.9	0.1
新 疆	5.3	2.3	2.6	4.3	1.1
三、按机构学科领域分					
自然科学领域	294.0	164.8	107.7	226.0	68.0
农业科学领域	7.9	0.8	3.4	6.4	1.5
医学科学领域	24.3	9.9	10.7	20.0	4.3
工程科学与技术领域	131.5	31.8	80.9	99.8	31.6
社会、人文科学领域	37.5	17.8	17.9	35.0	2.4

（三）科研产出

表3-3-1 基础前沿研究类机构科研产出情况（2014—2017年）

指标	2014年	2015年	2016年	2017年
发表科技论文数/篇	61 923	61 658	64 486	66 240
在国外发表科技论文数/篇	27 838	28 903	29 668	33 610
出版科技著作/种	2100	2200	2225	2164
专利授权量/件	6117	7357	8538	9346
专利所有权转让与许可收入/亿元	1.8	3.8	4.4	4.2
培养硕博士毕业生人数/人				9938

表3-3-2　2017年基础前沿研究类机构科研产出分布情况

	发表科技论文数/篇	在国外发表科技论文数/篇	出版科技著作/种
总计	66 240	33 610	2164
一、按隶属关系分			
中央部门属	50 801	32 308	1072
地方部门属	15 439	1302	1092
二、按地区分			
北　京	24 923	13 896	872
天　津	644	43	36
河　北	599	6	70
山　西	462	292	13
内蒙古	232	8	16
辽　宁	2421	1709	16
吉　林	2874	1438	43
黑龙江	416	31	17
上　海	5336	3553	106
江　苏	2976	1718	72
浙　江	2340	919	94
安　徽	1506	884	34
福　建	1616	878	36
江　西	692	82	29
山　东	1763	665	29
河　南	39	5	4
湖　北	2361	1078	58
湖　南	712	26	58
广　东	3683	2247	94
广　西	310	61	14
海　南	365	181	5

续表

	发表科技论文数/篇	在国外发表科技论文数/篇	出版科技著作/种
重　庆	224	0	23
四　川	1344	328	86
贵　州	1132	200	58
云　南	1847	1023	85
西　藏	4	1	2
陕　西	1117	244	42
甘　肃	1765	1178	93
青　海	575	248	16
宁　夏	452	3	29
新　疆	1510	665	14
三、按机构学科领域分			
自然科学领域	30 994	22 117	291
农业科学领域	1817	538	45
医学科学领域	3459	1390	94
工程科学与技术领域	13 369	9264	161
社会、人文科学领域	16 601	301	1573

四、公益性研究类机构创新能力状况

科技部、财政部和中央编办《关于加大对公益类科研机构稳定支持的若干意见》（以下简称《意见》）明确提出，公益科研以向全社会提供公共技术和公益服务为主要任务，关系到国计民生和经济社会可持续发展，是《国家中长期科学和技术发展规划纲要》确定的重要科研领域。公益类科研机构是从事公益科研事业的骨干力量。本报告的公益性研究类机构与《意见》中的公益类科研机构概念相同。因此，公益性研究类机构创新能力监测与评价的重点是其向全社会提供公共技术和公益服务，以及实现国家目标和履行社会责任等的情况。

监测结果显示：

2017年，我国公益性研究类机构共有2317个，从业人员24.0万人，科技活动人员19.5万人，科技活动人员占从业人员的比重达到81.0%；R&D人员为12.2万人，R&D人员占全部研究机构R&D人员的26.4%；在R&D人员中，具有硕士及以上学位的人数为6.3万人，占该类机构R&D人员的比重首次突破50%，达到51.5%。当年，该类机构的R&D人员折合全时工作量为10.3万人年，较上年增长6.1%，科学研究人员5.8万人年，较上年增长14.7%；科技经费筹集额为899.6亿元；科技经费内部支出为822.9亿元，比上年增长6.6%；R&D经费内部支出为429.7亿元，比上年增长11.3%；R&D经费内部支出占全部研究机构R&D经费的比重为17.6%；R&D经费内部支出中，来源于政府的资金所占比重始终保持在80%以上，来自企业的资金也在逐年增加，2017年占比达到3.2%。当年，该类机构发表科技论文72 282篇，在国外发表科技论文14 121篇，出版科技著作2816种；专利申请量12 688件，其中，发明专利申请量7805件；软件著作权、植物新品种权、集成电路布图设计登记和新药证书数3647件，占全部研究机构的61.2%，充分体现出公益性研究机构服务社会的特性。对外科技服务人员为6.9

万人年，其中，提供检验、测试、计量和专利服务等的人员1.6万人年，占23.3%；负责科技成果示范性推广工作的人员1.6万人年，占22.6%。2017年，公益性研究类机构在环境保护、生态建设和能源合理利用，促进卫生、教育、农林牧渔业发展等方面，投入课题研究的经费较多，创新成效显著。

从公益性研究类机构所在地区分布看，2017年，北京、广东、山西、辽宁和山东的机构数量居前5位，分别为161个、137个、128个、124个和113个。上述5个地区的公益性研究类机构数量占该类机构总数的28.6%。

从该类机构的R&D经费内部支出看，当年，北京、广东、江苏、山东和四川的R&D经费内部支出居前5位，分别为112.4亿元、47.8亿元、27.4亿元、22.5亿元和15.8亿元。上述5个地区的R&D经费内部支出较大，占公益性研究类机构R&D经费内部支出的52.5%。

从该类机构的学科分布看，当年，农业科学领域机构的数量最多，为1144个，占该类机构总数的49.4%；农业科学领域的R&D经费内部支出最多，达到181.2亿元，占该类机构R&D经费内部支出的42.2%。

（一）人才集聚

表4-1-1　公益性研究类机构人才集聚情况（2014—2017年）

指标	2014年	2015年	2016年	2017年
科技活动人员/万人	19.0	19.1	19.4	19.5
科技活动人员占从业人员比重/%	79.2	79.7	80.2	81.0
R&D人员/万人	10.8	11.2	11.8	12.2
R&D人员折合全时工作量/万人年	9.3	9.6	9.7	10.3
科学研究人员/万人年	4.0	4.4	5.0	5.8
R&D人员中研究人员所占比重/%	56.9	55.1	63.9	65.7
R&D人员中具有硕士及以上学位人员所占比重/%	46.8	48.1	49.8	51.5
R&D人员占全部研究机构R&D人员比重/%	25.6	25.6	26.2	26.4

表4-1-2　2017年公益性研究类机构R&D人才集聚分布情况

	R&D人员/人	R&D人员中硕士学位人数/人	R&D人员中博士学位人数/人	R&D人员折合全时工作量/人年
总计	122 224	40 198	22 740	102 751
一、按隶属关系分				
中央部门属	40 329	13 439	12 876	34 798
地方部门属	81 895	26 759	9864	67 953
二、按地区分				
北　京	25 657	8378	8848	22 251
天　津	2154	877	387	1697
河　北	2501	885	366	2277
山　西	2137	764	187	1790
内蒙古	2581	653	233	1885
辽　宁	3459	1302	365	2932
吉　林	2516	754	207	2136
黑龙江	4363	1719	583	3975
上　海	3795	1275	872	2594
江　苏	6220	2264	1415	5478
浙　江	3434	1358	796	2304
安　徽	2294	755	202	1931
福　建	3140	1172	398	2466
江　西	2229	589	169	1863
山　东	8064	2478	1556	7390
河　南	3648	1226	524	3362
湖　北	2652	835	506	2352
湖　南	3573	920	479	2911
广　东	8590	2694	1600	6712
广　西	3665	1295	346	3116

	R&D人员/人	R&D人员中硕士学位人数/人	R&D人员中博士学位人数/人	R&D人员折合全时工作量/人年
海　南	1719	523	300	1503
重　庆	4835	1540	643	3922
四　川	4461	1489	604	3623
贵　州	1856	606	121	1483
云　南	4190	1177	246	3633
西　藏	417	124	11	417
陕　西	2704	863	272	2127
甘　肃	3018	770	306	2672
青　海	279	67	25	204
宁　夏	106	53	4	91
新　疆	1967	793	169	1654
三、按机构学科领域分				
自然科学领域	14 417	4888	3964	12 289
农业科学领域	56 005	17 256	9210	48 644
医学科学领域	21 694	6247	4365	17 687
工程科学与技术领域	24 140	9624	4212	19 226
社会、人文科学领域	5968	2183	989	4905

（二）资金配置

表4-2-1　公益性研究类机构资金配置情况（2014—2017年）

指标	2014年	2015年	2016年	2017年
科技经费筹集额/亿元	702.4	770.9	851.7	899.6
科技经费内部支出/亿元	662.1	728.6	772.0	822.9
R&D经费内部支出/亿元	318.1	358.5	386.1	429.7
科学研究经费/亿元	139.7	168.3	193.6	238.4

指标	2014年	2015年	2016年	2017年
R&D日常性支出/亿元	247.0	282.5	307.4	354.9
R&D资产性支出/亿元	71.1	75.9	78.7	74.8
R&D经费内部支出中企业资金/亿元	8.2	10.6	11.9	13.6
R&D经费外部支出/亿元				20.5
R&D经费内部支出中政府资金所占比重/%	82.2	82.6	81.6	81.2
R&D经费占全部研究机构R&D经费比重/%	16.5	16.8	17.1	17.6
R&D人员经费投入强度/（万元/人年）	34.3	37.4	39.9	41.8

表4-2-2　2017年公益性研究类机构R&D经费分布情况

	R&D经费内部支出/亿元	R&D日常性支出/亿元	R&D资产性支出/亿元	R&D经费内部支出中政府资金/亿元
总计	429.7	354.9	74.8	348.8
一、按隶属关系分				
中央部门属	200.5	165.7	34.8	169.7
地方部门属	229.2	189.2	40.0	179.2
二、按地区分				
北　京	112.4	94.8	17.5	94.5
天　津	11.7	10.0	1.7	10.5
河　北	12.7	10.6	2.0	12.5
山　西	4.2	4.0	0.2	3.9
内蒙古	6.8	5.3	1.5	6.3
辽　宁	8.8	7.4	1.4	8.5
吉　林	5.3	4.4	0.9	4.9
黑龙江	12.9	10.0	2.9	10.1
上　海	15.2	12.1	3.1	12.4
江　苏	27.4	23.2	4.2	19.4
浙　江	12.1	9.7	2.3	9.3

续表

	R&D经费内部支出/亿元	R&D日常性支出/亿元	R&D资产性支出/亿元	R&D经费内部支出中政府资金/亿元
安 徽	5.4	4.7	0.7	4.3
福 建	8.8	6.9	2.0	7.4
江 西	3.1	2.5	0.7	2.7
山 东	22.5	17.5	5.0	17.7
河 南	7.7	6.9	0.8	7.2
湖 北	10.8	9.5	1.3	9.4
湖 南	9.7	8.4	1.4	8.0
广 东	47.8	39.2	8.6	27.3
广 西	11.7	9.8	1.9	10.0
海 南	5.5	4.5	1.1	5.2
重 庆	15.5	10.6	4.9	10.3
四 川	15.8	13.5	2.2	15.0
贵 州	2.8	2.0	0.8	2.7
云 南	11.4	8.7	2.7	9.5
西 藏	1.1	0.9	0.2	1.1
陕 西	7.1	6.2	0.8	6.7
甘 肃	8.6	7.4	1.3	7.5
青 海	0.6	0.6	0.0	0.5
宁 夏	0.4	0.3	0.1	0.4
新 疆	4.3	3.7	0.6	3.6
三、按机构学科领域分				
自然科学领域	72.3	60.6	11.7	68.5
农业科学领域	181.2	149.6	31.6	159.5
医学科学领域	65.9	56.5	9.5	39.1
工程科学与技术领域	92.3	71.9	20.4	65.6
社会、人文科学领域	18.0	16.4	1.7	16.2

（三）科研产出

表4-3-1 公益性研究类机构科研产出情况（2014—2017年）

指　　标	2014年	2015年	2016年	2017年
发表科技论文数/篇	71 938	69 897	73 759	72 282
在国外发表科技论文数/篇	12 726	12 769	13 878	14 121
出版科技著作/种	2488	2955	3060	2816
专利申请量/件	8962	10 424	12 063	12 688
发明专利申请量/件	5915	6350	7618	7805
专利授权量/件	5915	7538	8617	8694
发明专利授权量/件	5915	3537	4266	4080
有效发明专利/件	13 614	16 954	22 625	25 655
软件著作权、植物新品种权、集成电路布图设计登记和新药证书数/件				3647
培养硕博士毕业生人数/人				5643

表4-3-2 2017年公益性研究类机构科研产出分布情况

	发表科技论文数/篇	发明专利授权量/件	培养硕士毕业生人数/人	培养博士毕业生人数/人
总计	72 282	4080	4029	1614
一、按隶属关系分				
中央部门属	28 396	1731	2526	1233
地方部门属	43 886	2349	1503	381
二、按地区分				
北　京	19 813	954	1721	991
天　津	1048	86	38	6
河　北	1570	74	46	13
山　西	1476	57	79	9
内蒙古	993	17	7	4

	发表科技论文数/篇	发明专利授权量/件	培养硕士毕业生人数/人	培养博士毕业生人数/人
辽 宁	2312	25	15	3
吉 林	908	32	6	2
黑龙江	2108	53	201	41
上 海	2391	155	148	50
江 苏	4658	340	238	56
浙 江	2204	204	142	13
安 徽	835	71	14	5
福 建	1932	113	67	26
江 西	877	22	5	7
山 东	4190	432	413	104
河 南	2405	129	77	25
湖 北	1836	81	61	13
湖 南	1396	93	58	38
广 东	3907	262	210	61
广 西	2508	199	161	34
海 南	1263	69	54	2
重 庆	2217	191	64	16
四 川	2295	95	59	44
贵 州	930	31	6	7
云 南	1673	75	34	10
西 藏	98	16	0	0
陕 西	1062	27	24	9
甘 肃	1853	92	68	21
青 海	109	0	0	0
宁 夏	78	1	0	1

续表

	发表科技论文数/篇	发明专利授权量/件	培养硕士毕业生人数/人	培养博士毕业生人数/人
新　疆	1337	84	13	3
三、按机构学科领域分				
自然科学领域	6749	450	558	319
农业科学领域	31 445	2432	1694	511
医学科学领域	14 232	231	1158	532
工程科学与技术领域	13 186	945	345	207
社会、人文科学领域	6670	22	274	45

（四）对外服务

表4-4-1　公益性研究类机构对外服务情况（2014—2017年）

指标	2014年	2015年	2016年	2017年
用于环保、生态建设和能源合理利用的课题经费内部支出/亿元				44.4
用于促进卫生和教育事业发展的课题经费内部支出/亿元				41.4
用于促进基础设施及城市和农村规划的课题经费内部支出/亿元				343.6
用于促进农林牧渔业发展的课题经费内部支出/亿元				120.7
用于促进社会发展和社会服务的课题经费内部支出/亿元				24.5
对外科技服务人员/人年				69 584
负责科技成果示范性推广工作的人员/人年				15 699
对外提供技术咨询工作的人员/人年				11 018
开展地质、气象和地震等日常观察的人员/人年				1841
提供检验、测试、计量和专利服务等的人员/人年				16 238
开展科技培训工作的人员/人年				12 986

表4-4-2　2017年公益性研究类机构对外服务分布情况

	对外科技服务人员/人年	负责科技成果示范性推广工作的人员/人年	对外提供技术咨询工作的人员/人年	提供检验、测试、计量和专利服务等的人员/人年
总计	69 584	15 699	11 018	16 238
一、按隶属关系分				
中央部门属	13 227	2217	2824	2649
地方部门属	56 357	13 482	8194	13 589
二、按地区分				
北　京	6830	753	1278	2112
天　津	1057	153	212	358
河　北	1433	425	151	134
山　西	1801	517	210	206
内蒙古	1031	238	119	339
辽　宁	1898	545	323	285
吉　林	1313	330	227	272
黑龙江	2344	701	314	363
上　海	1570	214	146	872
江　苏	3454	637	816	815
浙　江	3113	728	692	725
安　徽	1422	223	144	539
福　建	1939	420	267	452
江　西	1604	406	162	280
山　东	4247	993	766	1138
河　南	3525	1017	617	383
湖　北	2476	470	517	347
湖　南	2284	791	290	162
广　东	5633	924	915	2350

	对外科技服务人员/人年	负责科技成果示范性推广工作的人员/人年	对外提供技术咨询工作的人员/人年	提供检验、测试、计量和专利服务等的人员/人年
广　西	2358	582	383	292
海　南	1924	641	275	191
重　庆	3207	565	385	1286
四　川	3415	778	636	716
贵　州	1730	311	237	346
云　南	2387	675	247	395
西　藏	172	123	10	3
陕　西	1381	348	196	258
甘　肃	2188	583	261	187
青　海	164	59	14	40
宁　夏	46	6	5	22
新　疆	1638	543	203	370
三、按机构学科领域分				
自然科学领域	4887	393	1117	1456
农业科学领域	35 243	12 989	4011	2547
医学科学领域	3242	427	243	760
工程科学与技术领域	21 672	1518	4630	10 997
社会、人文科学领域	4540	372	1017	478

五、应用技术研发类机构创新能力状况

应用技术研发类机构主要面向国家或行业发展重大需求，围绕关键核心技术，承担产业技术研发任务，推动科技成果转化、产业化和技术转移扩散，带动行业科技发展，提升产业竞争力。

监测结果显示：

2017年，我国应用技术研发类机构共有675个，从业人员为43.9万人，超过研究机构从业人员的一半（56.6%）；科技活动人员29.2万人，占研究机构科技活动人员的48.3%；R&D人员22.9万人，占研究机构R&D人员的49.5%；R&D人员折合全时工作量为21.3万人年，比上年增长4.6%，占全部研究机构R&D人员折合全时工作量的52.5%；R&D人员中具有大学本科及以上学历人员达83.5%。当年，应用技术研发类机构科技经费筹集额为2198.9亿元，占全部研究机构科技经费筹集额的58.4%；科技经费内部支出为1803.4亿元，主要用于新技术、新产品、新工艺、新材料、新装置等方面的技术研发；R&D经费内部支出1510.8亿元，其中，试验发展经费为1111.0亿元，占该类机构R&D经费内部支出的73.5%。从该类机构R&D经费来源看，企业资金和国外资金分别为42.5亿元和0.15亿元，分别占2.8%和0.01%。当年，应用技术研发类机构发表科技论文39 050篇；专利申请量为28 697件，其中，发明专利申请量为23 125件；专利授权量为17 310件，其中，发明专利授权量为12 383件，比上年增长18.6%；发明专利授权量占专利授权量的71.5%；拥有有效发明专利59 050件；专利所有权转让与许可收入为3.4亿元，平均每件专利所有权转让与许可收入为46.5万元；形成国家或行业标准1708项。

从应用技术研发类机构的地区分布看，2017年，北京、山东、上海、四川和陕西的机构数量居前5位，分别为122个、48个、47个、39个和37个，上述5个地区该类机构的数量占该类机构总数的43.4%。

从该类机构的R&D经费内部支出看，当年，北京、上海、四川、陕西和江苏的R&D经费内部支出居前5位，分别为445.1亿元、229.6亿元、194.3亿元、167.3亿元和123.9亿元，上述5个地区的R&D经费内部支出占该类研究机构R&D经费内部支出的76.8%。

从该类机构的学科分布看，当年，工程科学与技术领域的机构数量最多，为558个，占82.7%；工程科学与技术领域机构的R&D经费内部支出也最多，达到1483.5亿元，占该类机构R&D经费内部支出的比重达98.2%。

当年，应用技术研发类机构中设置了专门负责科技成果转化部门的有254个，占该类机构的37.6%；负责成果转化与扩散的专职工作人员为1027人，平均每个科技成果转化部门拥有专职负责成果转化人员4人；制定了相应实施细则落实《中华人民共和国促进科技成果转化法》的机构有258个，占38.2%；将科技成果转化、服务中小企业技术创新的绩效列入应用研究类专业技术职称评价体系的机构有220个，占32.6%；鼓励职工利用科技成果创业的机构有154个，占22.8%；在科技成果转化过程中得到科技成果转化引导基金支持的机构有76个，占11.3%。

（一）资源聚集

表5-1-1 应用技术研发类机构资源聚集情况（2014—2017年）

指标	2014年	2015年	2016年	2017年
科技活动人员/万人	28.3	28.6	28.8	29.2
R&D人员/万人	21.2	21.7	22.1	22.9
R&D人员占全部研究机构R&D人员比重/%	50.2	49.8	49.1	49.5
R&D人员中具有大学本科及以上学历人员所占比重/%	80.9	82.1	82.8	83.5

指标	2014年	2015年	2016年	2017年
R&D人员折合全时工作量/万人年	19.6	20.0	20.4	21.3
科技经费筹集额/亿元	1786.8	1975.0	2048.9	2198.9
R&D经费内部支出/亿元	1212.7	1342.6	1426.8	1510.8
R&D日常性支出/亿元	918.5	1076.5	1152.1	1228.6
R&D资产性支出/亿元	294.2	266.2	274.7	282.3
R&D经费外部支出/亿元				126.1
R&D人员经费投入强度/（万元/人年）	61.8	67.1	70.0	70.9
R&D人员人均仪器设备支出/（万元/人年）	8.7	8.0	8.4	7.5

表5-1-2　2017年应用技术研发类机构R&D人员和经费分布情况

	R&D人员折合全时工作量/人年	R&D经费内部支出/亿元	R&D日常性支出/亿元	R&D资产性支出/亿元
总计	213 030	1510.8	1228.6	282.3
一、按隶属关系分				
中央部门属	205 132	1489.0	1211.4	277.7
地方部门属	7898	21.8	17.2	4.6
二、按地区分				
北 京	50 654	445.1	371.6	73.5
天 津	10 209	37.6	28.6	9.0
河 北	6969	34.4	24.5	9.9
山 西	2414	6.4	4.6	1.8
内蒙古	907	5.3	4.7	0.6
辽 宁	6823	42.5	31.0	11.5
吉 林	550	1.2	0.5	0.7
黑龙江	2076	8.4	5.4	3.0
上 海	15 996	229.6	197.7	32.0
江 苏	17 802	123.9	104.9	18.9

续表

	R&D人员折合全时工作量/人年	R&D经费内部支出/亿元	R&D日常性支出/亿元	R&D资产性支出/亿元
浙　江	3501	12.6	9.1	3.4
安　徽	5566	33.1	28.9	4.3
福　建	376	0.7	0.6	0.2
江　西	3194	10.8	9.0	1.8
山　东	3068	16.0	13.5	2.5
河　南	7239	27.4	19.8	7.5
湖　北	8003	58.2	44.2	14.0
湖　南	3306	20.7	17.0	3.7
广　东	2834	12.0	8.7	3.4
广　西	851	1.7	0.8	0.9
海　南	72	0.2	0.2	0.0
重　庆	905	2.8	1.5	1.3
四　川	30 039	194.3	160.9	33.5
贵　州	1102	3.5	3.1	0.5
云　南	1065	7.7	6.4	1.3
西　藏	12	0.0	0.0	0.0
陕　西	26 593	167.3	127.2	40.0
甘　肃	787	7.2	4.1	3.1
青　海	18	0.0	0.0	0.0
宁　夏	0	0.0	0.0	0.0
新　疆	99	0.1	0.1	0.0
三、按机构学科领域分				
自然科学领域	1670	7.6	6.5	1.1
农业科学领域	1061	3.1	2.5	0.6
医学科学领域	3757	16.4	13.8	2.6
工程科学与技术领域	206 491	1483.5	1205.7	277.9
社会、人文科学领域	51	0.2	0.2	0.0

（二）研发能力

表5-2-1 应用技术研发类机构研发能力情况（2014—2017年）

指标	2014年	2015年	2016年	2017年
试验发展人员/万人年	11.7	11.9	12.1	12.4
R&D人员中试验发展人员所占比重/%	59.5	59.3	59.5	58.0
试验发展经费/亿元	882.4	979.5	1037.6	1111.0
R&D经费内部支出中试验发展经费所占比重/%	72.8	73.0	72.7	73.5
发明专利申请量/件	16 279	18 435	20 784	23 125
发明专利授权量/件	8011	10 185	10 443	12 383
有效发明专利/件	28 458	38 973	49 968	59 050
形成国家或行业标准数/项	1938	1898	1601	1708
软件著作权、植物新品种权、集成电路布图设计登记和新药证书数/件				783

5-2-2 2017年应用技术研发类机构研发能力分布情况

	试验发展人员/人年	试验发展经费/亿元	发明专利授权量/件	有效发明专利/件
总计	123 585	1111.0	12 383	59 050
一、按隶属关系分				
中央部门属	118 852	1096.1	11 893	56 479
地方部门属	4733	14.9	490	2571
二、按地区分				
北　京	25 546	319.1	4830	24 405
天　津	3438	18.5	520	2004
河　北	3588	25.8	197	1326
山　西	1485	4.5	109	547
内蒙古	454	1.7	18	215

	试验发展人员/人年	试验发展经费/亿元	发明专利授权量/件	有效发明专利/件
辽　宁	4890	33.4	123	627
吉　林	343	0.9	13	68
黑龙江	1096	5.8	85	252
上　海	11 921	195.1	975	4171
江　苏	9895	87.9	644	3595
浙　江	1921	9.7	164	844
安　徽	3362	20.7	397	1144
福　建	284	0.5	23	75
江　西	2705	9.5	67	444
山　东	1948	13.9	204	1096
河　南	4472	17.7	458	2426
湖　北	2469	25.3	540	3836
湖　南	1710	13.9	135	1034
广　东	1391	6.0	229	946
广　西	160	1.0	37	90
海　南	51	0.1	2	6
重　庆	211	1.5	41	234
四　川	22 221	155.0	1036	2570
贵　州	643	2.0	13	328
云　南	452	5.1	51	352
西　藏	2	0.0	0	0
陕　西	16 247	130.4	1397	5892
甘　肃	655	6.1	69	483
青　海	12	0.0	0	26
宁　夏	0	0.0	0	0
新　疆	13	0.0	6	14

续表

	试验发展人员/人年	试验发展经费/亿元	发明专利授权量/件	有效发明专利/件
三、按机构学科领域分				
自然科学领域	361	1.0	133	701
农业科学领域	514	2.0	118	854
医学科学领域	1265	7.1	123	1739
工程科学与技术领域	121 434	1100.9	12 008	55 746
社会、人文科学领域	11	0.0	1	10

（三）科技合作

表5-3-1 应用技术研发类机构科技合作情况（2014—2017年）

指标	2014年	2015年	2016年	2017年
R&D经费内部支出中来自企业的资金/万元	325 862.0	317 426.0	488 403.7	424 548.0
R&D经费内部支出中企业资金所占比重/%	2.7	2.4	3.4	2.8
R&D经费内部支出中来自国外的资金/万元	1962.0	1218.0	1577.1	1493.0
流向企业人员数/人				6150
流向高等院校人员数/人				314
流向其他研究机构人员数/人				850

表5-3-2 2017年应用技术研发类机构科技合作分布情况

	R&D经费内部支出中来自企业的资金/万元	R&D经费内部支出中来自国外的资金/万元	流向企业人员数/人	流向高等院校人员数/人	流向其他研究机构人员数/人
总计	424 548	1493	6150	314	850
一、按隶属关系分					
中央部门属	404 967	1152	5689	284	820
地方部门属	19 581	341	461	30	30

	R&D经费内部支出中来自企业的资金/万元	R&D经费内部支出中来自国外的资金/万元	流向企业人员数/人	流向高等院校人员数/人	流向其他研究机构人员数/人
二、按地区分					
北　京	121 401	164	1974	42	402
天　津	6098	0	167	10	17
河　北	0	0	58	2	14
山　西	2927	11	68	0	4
内蒙古	0	0	67	2	6
辽　宁	2142	0	14	0	9
吉　林	478	0	6	0	1
黑龙江	283	0	4	3	1
上　海	18 926	71	903	22	52
江　苏	17 630	804	575	29	53
浙　江	24 453	0	180	9	9
安　徽	19 720	0	585	27	7
福　建	87	0	136	1	0
江　西	7305	0	54	9	6
山　东	3027	0	112	10	2
河　南	5029	0	195	15	10
湖　北	20 714	0	209	23	33
湖　南	44 283	0	41	5	3
广　东	10 557	133	162	21	23
广　西	0	0	17	5	7
海　南	211	0	5	0	0
重　庆	442	0	2	2	2
四　川	75 728	310	329	33	130
贵　州	0	0	21	4	12

续表

	R&D经费内部支出中来自企业的资金/万元	R&D经费内部支出中来自国外的资金/万元	流向企业人员数/人	流向高等院校人员数/人	流向其他研究机构人员数/人
云　南	115	0	8	0	2
西　藏	0	0	0	0	0
陕　西	41 978	0	250	39	44
甘　肃	858	0	5	1	1
青　海	157	0	1	0	0
宁　夏	0	0	0	0	0
新　疆	0	0	2	0	0
三、按机构学科领域分					
自然科学领域	6888	82	52	19	5
农业科学领域	760	362	19	4	5
医学科学领域	9183	622	59	22	17
工程科学与技术领域	407 717	427	6018	269	823
社会、人文科学领域	0	0	2	0	0

（四）对外服务与人才培养

表5-4-1　应用技术研发类机构对外服务与人才培养情况（2014—2017年）

指标	2014年	2015年	2016年	2017年
对外科技服务人员/万人年				3.8
负责科技成果示范性推广与对外提供技术咨询等工作的人员/万人年				1.0
负责科技培训工作的人员/万人年				1.5
用于促进社会发展和社会服务的课题经费内部支出/亿元				12.5
用于促进农林牧渔业发展的课题经费内部支出/亿元				4.6
用于促进工商业发展的课题经费内部支出/亿元				17.9
培养硕博士毕业生人数/人				1166

表5-4-2 2017年应用技术研发类机构对外服务与人才培养分布情况

	对外科技服务人员/ 人年	负责科技成果示范性 推广与对外提供技术 咨询等工作的人员/ 人年	负责科技培训工 作的人员/人年	培养硕博士 毕业生人数/人
总计	38 169	10 023	15 218	1166
一、按隶属关系分				
中央部门属	31 031	7098	14 475	997
地方部门属	7138	2925	743	169
二、按地区分				
北　京	8015	3063	2124	690
天　津	2287	619	1150	87
河　北	76	52	0	0
山　西	643	334	13	0
内蒙古	57	30	8	0
辽　宁	111	39	45	0
吉　林	273	117	13	0
黑龙江	508	209	97	0
上　海	1058	416	244	112
江　苏	533	140	174	56
浙　江	649	185	84	31
安　徽	2199	102	1948	0
福　建	729	260	42	0
江　西	555	275	28	6
山　东	2667	1619	303	13
河　南	155	56	8	0
湖　北	1117	99	259	30
湖　南	55	27	5	2
广　东	476	111	135	72
广　西	68	26	11	0

续表

	对外科技服务人员/人年	负责科技成果示范性推广与对外提供技术咨询等工作的人员/人年	负责科技培训工作的人员/人年	培养硕博士毕业生人数/人
海　南	41	0	1	0
重　庆	175	66	60	6
四　川	7405	1470	1538	17
贵　州	152	97	17	0
云　南	169	55	45	31
西　藏	7	2	0	0
陕　西	7621	384	6803	0
甘　肃	285	111	62	1
青　海	8	8	0	0
宁　夏	0	0	0	0
新　疆	75	51	1	12
三、按机构学科领域分				
自然科学领域	605	246	73	198
农业科学领域	635	286	117	68
医学科学领域	926	442	88	331
工程科学与技术领域	35 873	9018	14 924	569
社会、人文科学领域	130	31	16	0

（五）成果转化

表5-5-1　应用技术研发类机构成果转化情况（2014—2017年）

指标	2014年	2015年	2016年	2017年
专利所有权转让与许可数/件	468	506	572	724
专利所有权转让与许可收入/万元	25 396.8	27 874.3	31 144.8	33 646.0
设置专门负责科技成果转化部门的机构数/个				254

续表

指标	2014年	2015年	2016年	2017年
负责成果转化与扩散的专职工作人员数/人				1027
在科技成果转化过程中有科技成果转化引导基金支持的机构数/个				76
鼓励职工利用科技成果创业的机构数/个				154
鼓励科研人员就科技成果与企业联系的机构数/个				238
制定相应实施细则落实《中华人民共和国促进科技成果转化法》的机构数/个				258
将科技成果转化、服务中小企业技术创新的绩效列入应用研究类专业技术职称评价体系的机构数/个				220

表5-5-2　2017年应用技术研发类机构专利所有权转让与许可分布情况

	专利所有权转让与许可数/件	专利所有权转让与许可收入/万元	平均每件专利所有权转让与许可获得的收入/（万元/件）
总计	724	33 646	46.5
一、按隶属关系分			
中央部门属	705	31 951	45.3
地方部门属	19	1695	89.2
二、按地区分			
北　京	425	17 832	42.0
天　津	15	3827	255.1
河　北	2	85	42.5
山　西	0	0	0.0
内蒙古	1	3	3.0
辽　宁	0	0	0.0
吉　林	0	0	0.0
黑龙江	0	0	0.0
上　海	101	3345	33.1
江　苏	21	1758	83.7

续表

	专利所有权转让与许可数/件	专利所有权转让与许可收入/万元	平均每件专利所有权转让与许可获得的收入/（万元/件）
浙　江	5	229	45.8
安　徽	7	140	20.0
福　建	0	0	0.0
江　西	0	0	0.0
山　东	13	1843	141.8
河　南	0	0	0.0
湖　北	0	0	0.0
湖　南	4	2	0.5
广　东	90	309	3.4
广　西	1	5	5.0
海　南	0	0	0.0
重　庆	0	0	0.0
四　川	0	0	0.0
贵　州	8	1720	215.0
云　南	0	0	0.0
西　藏	0	0	0.0
陕　西	21	1483	70.6
甘　肃	10	1068	106.8
青　海	0	0	0.0
宁　夏	0	0	0.0
新　疆	0	0	0.0
三、按机构学科领域分			
自然科学领域	45	4690	104.2
农业科学领域	109	115	1.1
医学科学领域	13	3336	256.6
工程科学与技术领域	557	25 506	45.8
社会、人文科学领域	0	0	0.0

表5-5-3　2017年应用技术研发类机构促进科技成果转化情况

	设置专门负责科技成果转化部门的机构数/个	负责成果转化与扩散的专职工作人员数/人	鼓励职工利用科技成果创业的机构数/个	鼓励科研人员就科技成果与企业联系的机构数/个	将科技成果转化、服务中小企业技术创新的绩效列入应用研究类专业技术职称评价体系的机构数/个
总计	254	1027	154	238	220
一、按隶属关系分					
中央部门属	163	672	71	107	104
地方部门属	91	355	83	131	116
二、按地区分					
北　京	52	307	23	38	32
天　津	7	16	3	6	9
河　北	2	8	0	0	2
山　西	8	25	6	7	9
内蒙古	2	4	0	1	1
辽　宁	5	9	4	6	5
吉　林	3	70	5	8	7
黑龙江	13	33	9	13	12
上　海	25	65	15	17	20
江　苏	10	45	12	14	9
浙　江	10	32	8	11	11
安　徽	5	11	1	4	5
福　建	2	4	2	4	4
江　西	10	23	6	12	8
山　东	20	63	16	26	25
河　南	5	8	2	3	3
湖　北	8	27	3	4	6
湖　南	4	10	2	4	7

	设置专门负责科技成果转化部门的机构数/个	负责成果转化与扩散的专职工作人员数/人	鼓励职工利用科技成果创业的机构数/个	鼓励科研人员就科技成果与企业联系的机构数/个	将科技成果转化、服务中小企业技术创新的绩效列入应用研究类专业技术职称评价体系的机构数/个
广　东	10	38	5	10	5
广　西	3	14	3	7	3
海　南	1	1	1	0	1
重　庆	1	2	0	2	1
四　川	15	49	9	12	11
贵　州	2	8	1	1	2
云　南	4	5	2	6	3
西　藏	0	0	1	1	0
陕　西	22	139	7	12	12
甘　肃	2	4	4	5	4
青　海	0	0	0	0	0
宁　夏	0	0	0	0	0
新　疆	3	7	4	4	3
三、按机构学科领域分					
自然科学领域	11	44	9	13	11
农业科学领域	12	28	10	19	17
医学科学领域	17	55	9	20	12
工程科学与技术领域	212	896	122	185	178
社会、人文科学领域	2	4	4	1	2

附录：主要指标解释

1. 从业人员

指当年由本单位直接组织安排工作并支付工资的各类人员总数。包括在岗职工、劳务派遣人员和返聘的离退休人员。不包括离退休人员、停薪留职人员。

2. 科技活动人员

指从业人员中从事科技管理、课题研究和科技服务的人员，以及外聘的流动学者和参与R&D活动的在读研究生。

3. 科技活动人员中硕博士毕业人员所占比重

指科技活动人员中，硕士毕业和博士毕业人员之和在科技活动人员总数中的占比。按科技活动人员获得的最高学位和学历计算。

4. 科技活动人员中高中级职称人员所占比重

指科技活动人员中，具有高级专业技术职称和中级专业技术职称人员之和在科技活动人员总数中的占比。

5. R&D人员

指被调查单位中从事基础研究、应用研究和试验发展活动的人员。包括：①直接参加上述3类R&D活动的人员；②与上述3类R&D活动相关的管理人员和直接服务人员，即直接为R&D活动提供资料文献、材料供应、设备维护等服务的人员。不包括为R&D活动提供间接服务的人员，如餐饮服务、安保人员等。

6. 研究人员

指R&D人员中从事新知识、新产品、新工艺、新方法、新系统的构想或创造的专业人员及R&D项目（课题）主要负责人员和R&D机构的高级管理人员。研究人员一般应具备中级及以上职称或博士学历。

7. R&D人员占全社会R&D人员比重

指研究机构R&D人员与全社会R&D人员的比值。反映研究机构在国家创新体系中R&D活动人力投入的比例。

8. R&D人员折合全时工作量

指报告期R&D人员按实际从事R&D活动时间计算的工作量，以"人年"为计量单位。

9. 基础研究人员

基础研究是指一种不预设任何特定应用或使用目的的实验性或理论性工作，其主要目的是获得（已发生）现象和可观察事实的基本原理、规律和新知识。

基础研究人员是指被调查单位中从事基础研究活动的人员按照实际从事R&D活动时间计算的工作量，以"人年"为计量单位。

10. 应用研究人员

应用研究是指为获取新知识，达到某一特定的实际目的或目标而开展的初始性研究。应用研究是为了确定基础研究成果的可能用途，或确定实现特定和预定目标的新方法。

应用研究人员是指被调查单位中从事应用研究活动的人员按照实际从事R&D活动时间计算的工作量，以"人年"为计量单位。

11. 试验发展人员

试验发展是指利用从科学研究、实际经验中获取的知识和研究过程中产生的其他知识，开发新的产品、工艺或改进现有产品、工艺而进行的系统性研究。

试验发展人员是指被调查单位中从事试验发展活动的人员按照实际从事R&D活动时间计算的工作量，以"人年"为计量单位。

12. 科技经费筹集额

指本单位为开展科技活动所筹集到的所有经费之和，无论其来源渠道如何。

13. 科技经费筹集额中来源于政府的资金所占比重

指由各级政府部门直接拨款或其他企事业单位利用政府资金委托本单位从事科学技术活动的收入之和，在本单位科技经费筹集额中的占比。

14. 科技经费内部支出

指被调查单位用于内部开展科技活动实际支出的费用，包括来自科研渠道及其他各种渠道的经费实际用于科技活动的支出。主要包括科技人员费、科研业务费、科研设备购置费、科研办公费等，不包括转拨给外单位的相关科技经费。

15. R&D经费内部支出

指被调查单位内部为实施R&D活动而实际发生的全部经费。按照"全成本核算"的口径进行计量。包括劳务费、其他日常支出、仪器设备购置费、土地使用和建造费等。不包括与外单位合作研究而拨给对方的经费。

16. R&D日常性支出

指被调查单位为实施R&D活动发生的、可在当期直接作为费用计入成本的支出，包括R&D人员劳务费和其他日常性支出。

17. R&D资产性支出

指被调查单位为实施R&D活动而进行固定资产建造、购置、改扩建及大修理等的支出，包括土地与建筑物支出、仪器与设备支出、资本化的计算机软件支出、专利和专有技术支出等。

18. R&D经费内部支出占全社会R&D经费内部支出比重

指研究机构R&D经费内部支出与全社会R&D经费内部支出的比值。反映研究机构在国家创新体系中R&D经费投入的比例。

19. R&D经费内部支出与GDP的比值

指研究机构R&D经费内部支出与国内生产总值（GDP）的比值，反映研究机构研发经费的投入强度。

20. R&D人员经费投入强度

指研究机构R&D经费内部支出与R&D人员折合全时工作量的比值，反映研究机构R&D人员人均研发经费投入情况。

21. R&D人员人均仪器设备支出

指研究机构R&D仪器设备支出与R&D人员折合全时工作量的比值，反映研究机构在科研仪器设备购置方面的投入情况。

22. 基础研究经费占R&D经费内部支出比重

基础研究经费是指被调查单位内部为实施基础研究活动而实际发生的全部经费。基础研究经费占R&D经费内部支出比重，反映基础研究经费在R&D经费内部支出中所占的份额。

23. 应用研究经费占R&D经费内部支出比重

应用研究经费是指被调查单位内部为实施应用研究活动而实际发生的全部经费。应用研究经费占R&D经费内部支出比重，反映应用研究经费在R&D经费内部支出中所占的份额。

24. 试验发展经费占R&D经费内部支出比重

试验发展经费是指被调查单位内部为实施试验发展活动而实际发生的全部经费。试验发展经费占R&D经费内部支出比重，反映试验发展经费在R&D经费内部支出中所占的份额。

25. 发表科技论文数

指被调查单位在全国性学报或学术刊物上、省部属大专院校对外正式发行的学报或学术刊物上发表的论文数量，以及向国外发表的论文数量。只统计第一作者编制在本被调查单位或者第一署名单位为本被调查单位的论文。

26. 在国外发表科技论文数

指被调查单位的科技活动人员在国外学术期刊上发表的论文数量。只统计第一作者编制在本被调查单位或者第一署名单位为本被调查单位的论文。

27. 出版科技著作

指经过正式出版部门编印出版的科技专著、大专院校教科书、科普著作。只统计被调查单位科技人员为第一作者的著作。

28. 专利申请量

指被调查单位向国内外知识产权行政部门提出专利申请并被受理的件数。

29. 发明专利申请量

指被调查单位向国内外知识产权行政部门提出发明专利申请并被受理的件数。

30. 专利授权量

指由国内外知识产权行政部门向被调查单位授予专利权的件数。

31. 发明专利授权量

指由国内外知识产权行政部门向被调查单位授予发明专利权的件数。

32. 有效发明专利

指被调查单位作为专利人在报告年度拥有的、经国内外知识产权行政部门授权且在有效期内的发明专利件数。

33. 形成国家或行业标准数

指被调查单位在自主研发或自主知识产权基础上形成的国家或行业标准。

34. 软件著作权数

指被调查单位向国家版权局提出登记申请并被受理登记的软件著作权的数量。

35. 植物新品种权数

指被调查单位向农业、林业行政部门（审批机关）提出申请并被授予植物新品种权的项数。

36. 集成电路布图设计登记数

指被调查单位向知识产权行政部门提出登记申请并被受理登记的集成电路布图设计的件数。

37. 新药证书数

指被调查单位向国家药品监督管理局提出申请并被批准新药证书的总数。

38. R&D经费内部支出中来自企业的资金

指在R&D经费内部支出中，来自企业的各类资金。

39. R&D经费内部支出中来自国外的资金

指在R&D经费内部支出中，来自国外的企业、研究机构、大学、国际组织、民间组织、金融机构及外国政府的资金。

40. R&D经费外部支出

指被调查单位委托其他单位或与其他单位合作开展R&D活动而转拨给其他单位的全部经费。

41. 对境内企业的R&D经费外部支出

指被调查单位委托境内企业或与境内企业合作开展R&D活动而拨给对方的经费。

42. 对境内高等院校的R&D经费外部支出

指被调查单位委托境内高等院校或与境内高等院校合作开展R&D活动而拨给对方的经费。

43. 对境内其他研究机构的R&D经费外部支出

指被调查单位委托境内其他研究机构或与境内其他研究机构合作开展R&D活动而拨给对方的经费。

44. 对境外机构的R&D经费外部支出

指被调查单位委托境外机构或与境外机构合作开展R&D活动而拨给对方的经费。

45. 研究机构作为卖方的技术合同成交数

指在全国技术市场成交合同中卖方登记为事业法人中的研究机构的件数。

46. 研究机构作为卖方的技术合同成交金额

指在全国技术市场成交合同中卖方登记为事业法人中的研究机构的金额数。

47. 专利所有权转让与许可数

指被调查单位向外单位转让专利所有权或允许专利技术由被许可单位使用的件数，一项专利多次许可算一件。

48. 专利所有权转让与许可收入

指被调查单位向外单位转让专利所有权或允许专利技术由被许可单位使用而得到的收入。

49. 培养硕博士毕业生人数

指由被调查单位培养的硕士、博士毕业生数量。反映研究机构人才培养情况。

50. 对外科技服务人员

指被调查单位为社会和公众提供科技服务所投入人员的工作量。

51. 课题经费内部支出

指当年为进行该课题而实际应用于本单位内的全部支出，包括课题人员工资、劳务费、其他日常支出、仪器设备购置费、土地使用和建造费等。不包括与外单位合作研究而拨给对方使用的经费。

52. 用于环保、生态建设和能源合理利用的课题经费内部支出

指被调查单位内部为促进环境保护、生态建设及污染防治，能源生产、分配和合理利用等社会经济目标实现而开展的课题，所支出的全部经费。

53. 用于促进卫生和教育事业发展的课题经费内部支出

指被调查单位内部为促进卫生和教育事业发展等社会经济目标实现而开展的课题，所支出的全部经费。

54. 用于促进基础设施及城市和农村规划的课题经费内部支出

指被调查单位内部为促进基础设施及城市和农村规划等社会经济目标实现而开展的课题，所支出的全部经费。

55. 用于促进社会发展和社会服务的课题经费内部支出

指被调查单位内部为促进社会发展和社会服务等社会经济目标实现而开展的课题，所支出的全部经费。

56. 用于促进农林牧渔业发展的课题经费内部支出

指被调查单位内部为促进农林牧渔业发展等社会经济目标实现而开展的课题，所支出的全部经费。

57. 用于促进工商业发展的课题经费内部支出

指被调查单位内部为促进工商业发展等社会经济目标实现而开展的课题，所支出的全部经费。